了不起的中国

四大发明

小小太阳花 / 编

刘　硕 / 文

U0278364

中国人口出版社
China Population Publishing House
全国百佳出版单位

图书在版编目（CIP）数据

四大发明 / 小小太阳花编；刘硕文 . -- 北京： 中
国人口出版社，2025.3
（了不起的中国）
ISBN 978-7-5101-9511-2

Ⅰ . ①四… Ⅱ . ①小… ②刘… Ⅲ . ①技术史—中国
—古代—儿童读物 Ⅳ . ① N092-49

中国国家版本馆 CIP 数据核字（2023）第 207450 号

了不起的中国　四大发明
LIAOBUQI DE ZHONGGUO SI DA FAMING

小小太阳花／编　　刘　硕／文

策 划 编 辑	李玉景
责 任 编 辑	李玉景
装 帧 设 计	浦羽文化
责 任 印 制	任伟英
出 版 发 行	中国人口出版社
印　　　刷	和谐彩艺印刷科技（北京）有限公司
开　　　本	787 毫米 ×1092 毫米 1/16
印　　　张	3.5
字　　　数	80 千字
版　　　次	2025 年 3 月第 1 版
印　　　次	2025 年 3 月第 1 次印刷
书　　　号	ISBN 978-7-5101-9511-2
定　　　价	29.80 元

电 子 信 箱　rkcbs@126. com
总编室电话　(010) 83519392　　　发行部电话　(010) 83557247
办公室电话　(010) 83519400　　　网络部电话　(010) 83530809
传　　　真　(010) 83519400
地　　　址　北京市海淀区交大东路甲 36 号
邮 政 编 码　100044

目录

震惊世界的四大发明

中国人的智慧是无穷的。中国古代出现了许多充满创造力的伟大发明，其中最有名的指南针、造纸术、印刷术和火药被合称为"四大发明"。

中国古代四大发明

指南针

古人认识到了磁石具有磁性，进而发明了指南针。现在它被广泛应用于航海、测绘、旅行及军事等领域。

火药

火药是人类文明史上的一项杰出成就。人类依靠它做安全防护，平息战事、保家卫国。

"四大发明"是谁提出来的？

明朝时期，曾有德国数学家总结出了三个最具有影响力的中国发明，分别是指南针、火药和印刷术。20世纪，一位名为李约瑟的英国人把造纸术加了进去，提出了"四大发明"的说法。

印刷术

之前，人们为了记录事件、传播知识，只能靠手抄誊（téng）写。直到印刷术出现，这一切都变得省时、省力。

造纸术

东汉时期，蔡伦改进了造纸术，让纸张变得易得且耐用。

3

"幼年时期"的指南针——司南

大部分事物的出现都有一个成长的过程，指南针的"幼年时期"正是司南——一种用于辨别方向的仪器。

司南是如何诞生的？

战国时期，人们把有磁性的石头打磨成勺子形状，放在一块青铜材质并刻有方位的方形盘子上。拨动磁勺，让它转动，停止时勺柄指的方向是南方。后来，人们给它起了一个名字——司南。司南中的"司"是"指"的意思。

太神奇了，勺柄总是指向南方！

问答　司南为什么能辨别方向？

地球是一个巨大的磁体，两个磁极的位置接近地球的南北两极。当有磁力的磁体转动时，会根据地球本身的磁力导致"同性相斥，异性相吸"。司南正是以此来指示南北的。

传说中的指南车

传说远古时期，黄帝和蚩尤为了争夺领地而展开大战。蚩尤能够兴云作雾，黄帝由于不能辨别方向，不是蚩尤的对手。

黄帝回到部落后，派人研究出了指南车。车上有一个木头人，无论车子如何转动，木头人的手总是指向南方。

在后来的战斗中，黄帝命人推出了指南车，为士兵领路。蚩尤被打得落花流水。

我需要一种能够在浓雾中辨别方向的工具！

"少年时期"的指南针——指南鱼和指南龟

随着时间的推移，渐渐地，人们有了新的需求，有没有更轻便一些的指向器呢？古人改良了司南，制造出了指南鱼和指南龟等，"幼年时期"的指南针成长到了"少年时期"。

小巧玲珑的指南鱼

北宋初年，我国创造出了一种能够用来辨别方向的工具——指南鱼。只需要一块薄薄的铁片，将它剪成小鱼的形状，烧热后磁化，指南鱼就做成啦！

指南鱼比司南方便很多，它不需要沉重的底盘，一碗水即可。它像一条浮在水面的小船，鱼头的方向就是南方。

 如果盛水的碗没有放平，会影响指南鱼判断方向吗？

当然不会，虽然盛水的碗没有放平，但是碗中的水面是平的。

变戏法的指南龟

除了指南鱼，古人将磁石放在木龟的身体中，再将木龟的腹部钻一个小洞，放在竹制的钉子上。

这样一来，木龟就能自由旋转了，头指南，尾巴指北，它就是指南龟。

令人惊讶的是，指南龟并没有被用来辨别方向，而是被用来变戏法。

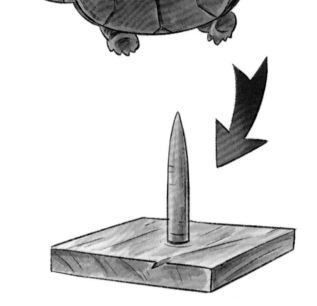

南　　北

"成年时期"的指南针

斗转星移，古人在"人工磁化"领域不断突破，诞生了磁针，也就是真正的"指南针"。

北宋科学家沈括对于指南针的装置技术和使用方法，有许多奇思妙想和实践。

水浮法

在磁针上穿几小段灯芯草，让磁针可以更好地浮在水面上，它能够很灵活地辨别出方向。

碗唇旋定法

将磁针放在碗口边缘，磁针可以旋转，指示方向。宋代，碗的边缘较厚，能够承载住磁针，让它不那么容易掉下来。

缕悬法

找到一根蚕丝，把它粘在磁针的中心位置，将它挂在木架子上，下方放置一个刻有方位的木盘。静止时，磁针指示方向。

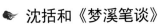 **沈括和《梦溪笔谈》**

百科

沈括是北宋杰出的科学家。他写的《梦溪笔谈》一书，内容涉及天文、地理、数学、化学、生理学及科技诸多方面，价值非凡，在我国历史上占据重要的地位。

指南针的"兄弟"——古代罗盘

早期的指南针基本没有固定磁针的方位盘，不能"即拿即用"。后来，人们将磁针和方位盘"合二为一"，于是"罗盘"就诞生了。

灵敏的水罗盘

水罗盘是把磁针放在一个中间凹陷处盛水、边上标有方位的盘子里，磁针浮在水上能够自由地旋转，静止时两端分别指向南北。

航海时常用到水罗盘。明代，水罗盘的技术趋于完善，郑和下西洋时乘坐的宝船上就装有水罗盘。正是依靠水罗盘指引航向，郑和的船队才能完成七次下西洋的壮举！

便携的旱罗盘

旱罗盘与水罗盘的区别是磁针的装置不同。旱罗盘不采用水浮法来放置磁针，而通常是在磁针重心处开一个小孔作为支撑点，下面用轴支撑磁针。

旱罗盘因携带和使用方便，后来逐渐取代了水罗盘。

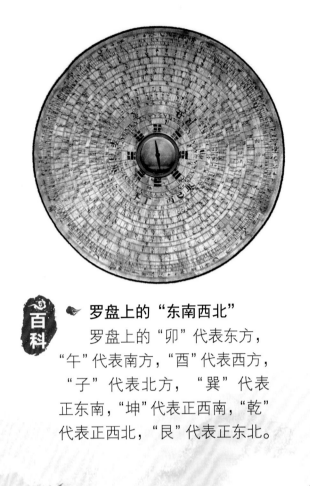

百科 **罗盘上的"东南西北"**

罗盘上的"卯"代表东方，"午"代表南方，"酉"代表西方，"子"代表北方，"巽"代表正东南，"坤"代表正西南，"乾"代表正西北，"艮"代表正东北。

现代时期的指南针——电子指南针

古人发明了指南针留给后人。现代的科技发展迅速,我们在指南针的基础上,将其升级成了"电子指南针"。

中国"北斗"闪耀全球

如今的我们,出门在外特别依赖导航。中国自主研发的"北斗卫星导航系统"能够提供全球范围内的高精度、高可靠的定位、导航服务,满足人们的出行需求。如今,北斗卫星导航系统已经被应用在交通、气象、军事、农业等多个领域。

电子指南针内部结构是固定的，没有磁针等可移动部件。它利用磁力计检测地磁场来判断方向，可集成在智能手机等电子设备中，常与卫星导航系统结合使用，以提高准确性。

充满科技感的电子罗盘

电子罗盘又称数字罗盘，它利用磁力计和陀螺仪等传感器来测定方向，并通过数字信号输出，适用于航空航天、航海、机器人、自动驾驶等领域。

推动火药发明的炼丹术

火药是中国极具影响力的发明之一，源于炼丹术。

古代，为了炼制长生不老药，炼丹家们不断更新炼丹的方法，进而推动了火药的发明。

银白色的、亮晶晶的，这是什么奇异的东西？
它可以让我炼出长生不老的丹药吗？

葛洪

东晋道教理论家、医药学家，也是著名的炼丹家。

葛洪发现，只要加热红色的丹砂（硫化汞），它就会变成银白色的水银和淡黄色的硫粉，继续加热，它们又会变回红色的丹砂。

炼丹家们觉得十分玄妙，于是就想用它炼制出长生不老的"神丹"。

孙思邈

孙思邈是唐朝时期的名医，也是一名炼丹家。

历史上对于发明火药的人没有明确的记录。可是《诸家神品丹法》中记载了孙思邈创造的"内伏硫黄法"，会通过"伏火"的方法去炼制丹药，其配方已初步具备火药所含的成分。

百科

伏火

伏火是一种炼丹的方法，将矿石和其他辅料混合加热，让它们变成另一种物质。从而达到制伏矿石药火毒，利于服用的目的。

火药的秘密配方

在炼丹的过程中，人们总结出将硫黄、硝石、木炭按照一定比例混合后会形成"着火的药"，这正是最早的火药。

火药的基本成分

火药由硫黄、硝石、木炭混合而成。三者按一定比例混合后，遇火即燃，并形成爆炸性的效果。后来，火药的配方有所改进，但基本成分保持不变。

这里的硫黄，我要想一想如何提炼……

配方何处寻

硫黄是一种淡黄色的晶体。

明朝的地理学家徐霞客曾在云南看到一个喷出热气的深潭。他发现这里曾经有过火山喷发，深潭中富含硫黄。

硝石的化学成分是硝酸钾。

古人会将含硝酸钾的土块置于桶内，加水浸泡，再进行过滤。滤液熬煮或晒干后，就能得到硝石结晶。

问答？

🍃 **火药为什么叫"药"？**

火药是古人在炼制丹药的过程中发明的，这也是古人将其命名为"药"的原因。

木炭是木头烧制成的炭。

木炭主要分为黑炭和白炭。因为制作火药所用的大多数是黑炭，而且木炭在火药配方中所占的比例达到了一半，所以火药的粉末看起来是黑色的，也被称为"黑火药"。

火药穿了"花衣裳"

　　最初，火药的爆炸是简单粗暴的，它被制作成了一些简单的武器。渐渐地，火药褪去了战场上的"铠甲"，穿上了美丽的"花衣裳"，被古人制作成了绚烂美丽的花炮，也就是现在的烟花。

> 太神奇了！朕感觉精神了许多。

花炮巧医唐太宗

　　李畋（tián）是唐朝人，被奉为花炮祖师。据传，唐太宗李世民有段时间噩梦连连，彻夜难眠。为此，他张榜天下，寻找能人异士来为他诊治。李畋揭下皇榜，进入皇宫。那天入夜，百枚花炮齐发，如同天雷滚滚。自此之后，李世民竟然奇迹般地康复了。从此，每逢佳节，宫中都命人燃放花炮，后来这种习俗也慢慢流传到民间。

李畋与花炮的不解之缘

据说李畋尝试将不同的矿石粉末加入火药中。他发现了一个神奇的现象：不同的矿石粉末制作的花炮能够绽放出不同的颜色。于是制作出各种五彩斑斓、流光溢彩的烟花礼炮。

千变万化的火药

火药还被应用在各种表演上。无论是杂技还是幻术，表演都变得比从前更加精彩，极大地丰富了古人的娱乐生活。

药发木偶

宋朝时期，木偶戏是很流行的杂技表演，火药的发明让它升级出一种名为"药发木偶"的烟花杂技。点燃药发木偶最底层烟花轮上的引线，自下至上会迅速绽放出五彩斑斓的焰火。随着烟花轮的燃烧，木偶也被带动着进行表演，能做出跳、舞、飞、腾、旋、翻等高难度动作。

那个木偶竟然在空中转圈！

对啊，你刚才没看到，它还翻了个跟头呢！

宋代的文人笔记中曾记录过"抱锣"等杂技表演，这也离不开火药。宋代也用火药表演幻术，如喷出浓烟或火焰等，以此来迷惑人们的双眼。

问答？

什么是"抱锣"？

抱锣是宋代一种以大铜锣伴身的乐舞。舞者会戴着面具，装扮成鬼神跳舞。表演中会出现"烟火大起"和"口吐狼牙烟火"的场景。

火药战场显神威

在火药发明之前，古人在战场上就掌握了火攻这一战术。如在箭头上涂抹易燃的油脂，点燃后射向敌营，烧毁对方的粮草。

可是，普通的火焰是很弱的，跟火药的威力无法相提并论。宋元时期，火药武器广泛用于战争。

强大的铁火炮

南宋时期，金军有一种打仗神器——铁火炮。

围攻宋军时，金军用投石机投射铁火炮，引得各处爆炸，宋军因此损伤惨重。

古代火器

突火枪，一种用竹筒做枪身的火器，里面装着火药或弹丸。它是人类已知的最早能发射子弹的管状射击武器。

神火飞鸦，一种外形像乌鸦的军用火箭，内部填满了火药，外部装着"小火箭"。它被点燃时能产生推力"飞"起来，落地时会爆炸。

火球，一种球状的、可投掷的火器，内部装满了火药的粉末，外层用纸或其他材料紧紧包裹，并涂满助燃的油脂。

威力无穷的现代火药

中国的黑火药经由印度传到了阿拉伯，又由阿拉伯人于 13 世纪传入欧洲。直到 18 世纪后半期，西方人才发明出现代火药。我国古代发明的黑火药由原料直接调配而成，而现代火药是经过化学合成的。

火药虽然被用于军事领域，但其本身存在的意义在于消停战事，并起到安全防卫的作用。

染料出身的苦味酸

1771 年，英国人沃尔夫通过化学手段合成出了一种名为苦味酸的黄色晶体，把它当成黄色染料使用。

后来，经过反复试验，这种黄色染料脱掉了染料的"外衣"，穿上了炸药的"铁甲"，被广泛用于军事领域，用来装填炮弹。

易爆的硝化甘油

1846 年，意大利化学家索布雷首次制成了硝化甘油。这种液体可因震动而爆炸，危险性大，不宜生产。

后来，瑞典的诺贝尔和他的父亲及弟弟共同研究硝化甘油的安全生产方法，终于在 1862 年有了重大突破，使之能够比较安全地成批生产。

炸药之王 TNT

TNT 是 1863 年由德国人威尔伯兰德在一次失败的实验中发现的，被称为"炸药之王"。

它在 20 世纪初开始广泛用于装填各种弹药。因其威力巨大，国际上广泛用 TNT 炸药当量作为衡量武器威力的标准。

古人的"无纸时代"

四大发明——造纸术

在真正的纸出现之前，古人用什么做书写载体，用什么记录生活呢？

中国古代千奇百怪的书写载体

殷商时期，古人用龟甲和兽骨占卜，并把占卜的文字刻在龟甲和兽骨上面，因此有了"甲骨文"。

没过多久，古人钻研出炼制青铜器的方法，文字也被人们刻在这些器皿上。

春秋战国时期，文字还被记录在石头上。

后来，古人又把目光放在了竹子和木头上，把它们削成片状，在上面写字。

不仅如此，古人还选择了轻薄柔顺的丝帛来书写文字，但是它造价昂贵。

占卜的龟甲

房山石经

曾侯乙墓竹简

马王堆汉墓帛书

西周毛公鼎

数千年前的"古纸"

世界上许多国家曾经用不同的材料制造出原始的"古纸"。中国的"丝絮纸"、古埃及的"莎（suō）草纸"和墨西哥的"阿玛特纸"，被称为"世界三大古纸"。

中国人的智慧——丝絮纸

古人用上等的蚕茧来抽丝织绸，而剩下的恶茧、病茧等则用漂絮法来制取丝绵。

漂絮完毕后篾（miè）席上总是遗留一些残絮。人们发现，这些残絮晾干之后剥离下来，可用于书写。

这些残留的丝絮，也不能浪费。

尼罗河的馈赠——莎草纸

古埃及人把一种生长在非洲尼罗河上游的水生草本植物——纸莎草的茎去皮，切成长薄片，用水浸泡。几天后，将薄片叠放在一起，用木槌捶打，再用石头等重物压，并不断浇洒有黏性的尼罗河污水。重复多次并晒干后，便得到了莎草纸。

纸莎草真实用！

是啊，既能做纸，又能做笔。

盛极一时的贡品——阿玛特纸

古代墨西哥南部亚热带林区中，生长着一种叫阿玛特的阔叶树。当地人发现这种树的树皮中有很长的纤维，于是将其浸泡后剥出纤维，漂洗后填进一种黏合物，再用石头等重物反复捶打，使之厚薄均匀，最后放在太阳下晒干。这样，阿玛特纸就做成了。

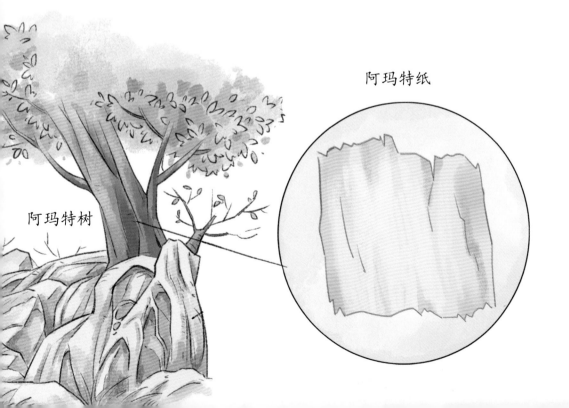

阿玛特纸

阿玛特树

神奇的造纸术

西汉时期，我国就已经出现了麻质纤维纸。东汉时期，蔡伦对造纸术进行改进，做成了坚韧轻薄、适合书写的植物纤维纸。

蔡伦造纸

第一步，切割。

第二步，洗涤。

第三步，浸灰水。

第四步，蒸煮。

第五步，舂（chōng）捣。

第六步，打浆。

第七步，抄纸。

第八步，晒纸。

第九步，揭纸。

纸就做成啦！

31

造纸术的力量

世界各地的造纸术大都是从中国辗转流传过去的。造纸术的发明是中国对世界文明的伟大贡献之一。

造纸术首先传入了跟我国相近的国家，到了 19 世纪，造纸术已传遍亚洲、欧洲、非洲、美洲和大洋洲的各个国家。

造纸术的"意外"西传

唐朝时期，唐玄宗派出的军队和阿拉伯军团交战，唐军意外地战败了。两万多名士兵成了战俘，他们之中有些曾是造纸的工匠。

那些被俘的士兵被送往中亚各地服劳役和做工，阴差阳错地促进了造纸术的传播。

我能制造纸张。

传教士的助力

明末清初，西方的许多传教士来到了中国，他们大多数是学者、医生、外交家、画师、技师等。其中的一些传教士，将造纸术的详细流程记录下来，带回了欧洲。

造纸术竟然如此神奇，我要把它们带回我的国家。

中国造纸术外传路线图

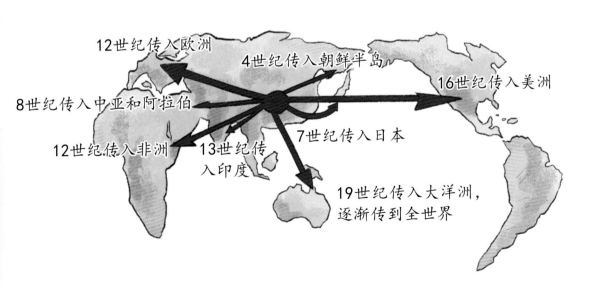

12世纪传入欧洲
4世纪传入朝鲜半岛
16世纪传入美洲
8世纪传入中亚和阿拉伯
7世纪传入日本
12世纪传入非洲
13世纪传入印度
19世纪传入大洋洲，逐渐传到全世界

来之不易的纸

无论科技怎样发展，目前纸张的原料依然以树木为主。

每一棵树的生长过程都是缓慢的，无法速成。所以我们现在手中的每一张纸都是来之不易的，要珍惜用纸，节约用纸。

现代人如何造纸呢？让我们一起来看一看吧！

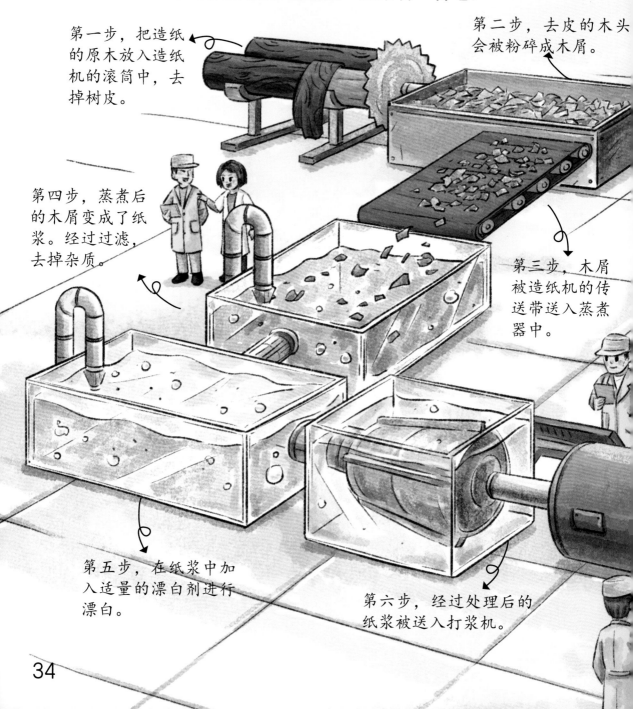

第一步，把造纸的原木放入造纸机的滚筒中，去掉树皮。

第二步，去皮的木头会被粉碎成木屑。

第三步，木屑被造纸机的传送带送入蒸煮器中。

第四步，蒸煮后的木屑变成了纸浆。经过过滤，去掉杂质。

第五步，在纸浆中加入适量的漂白剂进行漂白。

第六步，经过处理后的纸浆被送入打浆机。

印刷术的前身

纸出现以后，书写材料比起过去用的甲骨、金石、简牍和丝帛要轻便、经济多了。但是手抄书籍费时、费事，又容易抄错、抄漏，既阻碍了文化的发展，又给文化的传播带来了不应有的损失。

怎么快速而准确地把文字记录下来，是一个难题。

雕版印刷术

雕版印刷术是在板料上先雕刻图文，再进行印刷的技术。先把需要印的字写在纸上，再将纸反贴在木板上。接下来，用小刀刻出每个字的轮廓。印刷的时候，先用刷子蘸取墨汁刷在板料上，再贴上一张白纸，换一把干净的刷子，在纸背上刷一下。最后把纸拿下来，一页的字就印好啦！

阴文和阳文

阴文和阳文都是我国古代刻在器物上的文字。其中，笔画凹下的叫阴文，凸起的叫阳文。

古代的"复印"

古人通过拓印把器物的立体轮廓给复制下来。先把一张坚韧的薄纸浸湿，再将其敷在石碑上面，并轻轻敲打，待纸张干燥后用刷子蘸墨去拍刷，使墨均匀地涂在纸上，然后把纸揭下来，一张黑底白字的拓片就复制完成了。

现存最早的印刷品

印刷术的发明，让古代的事件和思想用一件又一件的印刷品记录下来。印刷术为知识的广泛传播和交流创造了条件。

你知道世界上现存最早的印刷品是什么吗？

敦煌莫高窟中的传世珍宝

1900 年，敦煌藏经洞被开启，在历史尘埃中沉睡了千年的珍宝——一卷《金刚经》刻本重现世间。但在当时，它并未受到重视。

直到 1907 年的某一天，英国人斯坦因来到敦煌，他和助手蒋孝琬一起进入藏经洞后，顿时被眼前印刷精美的《金刚经》所惊艳。

这是唐朝的珍宝。

这卷《金刚经》全长487.7厘米，高24.4厘米。整卷完整无缺，图像和文字的印刷都非常清晰。

斯坦因当时就决定把这卷《金刚经》带回自己的国家。现在它被收藏在大英图书馆内，记录着中华民族曾经的灿烂文明。

问答？ 《金刚经》刻本"出生"于何时？
这卷《金刚经》是唐朝雕版印刷的书籍，是世界上现存最早有明确刻印日期的印刷品。

真是太了不起了。

神奇的活字印刷术

在多年探索的基础上，宋代的印刷技术有了新的突破，发明了活字印刷术。

毕昇与活字印刷术

北宋时期，有一位名叫毕昇的匠人，他在书坊工作，一直觉得雕版印刷费时、费力、费材料。

一天，吃饭前，毕昇的脑中突然冒出一个想法，他兴奋无比，抓起一块胶泥，直接向书坊的方向跑去……

后来，毕昇经过无数次的试验，用胶泥做成了一些大小相同的泥坯，在它们的其中一面刻上想要印刷的字，用火高温炙烤，泥坯会变得很硬，字模就制成了。

印刷书籍的时候，只需要找到书籍中对应内容的字模进行组合，涂墨印刷即可。

问答？ 🖋 **怎么进行活字印刷？**

在一块四周有框的铁板上撒上松脂、石蜡和纸灰等，把字模在铁板上按需要的顺序排好版。

用火烘烤，铁板中的松脂熔化后，将字版压平，这样就可以印书了。

这可比雕版印刷方便多了。

"泥活字"后的"木活字"

　　"泥活字"是活字的开端。古代的能工巧匠们继续不断地尝试，又发明了成本低、易制作的"木活字"。

　　元代著名的科学家王祯发明了转轮排字法。这让排版速度和印刷效率有了更大的提升。

有趣的转轮排字盘

王祯发现，挑拣字模时，几万个木活字一字排开，工人们要来回穿梭，弯腰挑选。他觉得这样太不方便了，便决定想个办法。

王祯经过反复试验，终于设计出了转轮排字盘。木活字按韵分类，被放在轮盘里。工人们可转动圆盘，依次取出需要的木活字，排入版内。印刷过后再将木活字按韵放回即可。

流传世界的印刷术

后来人们又尝试用铜、铅等制作出了新的活字。

中国发明的活字印刷术，在国外获得推崇，也得到了进一步的发展和完善。活字印刷术对人类文明的发展产生了重大的影响。

珍贵的铜活字

古人在明朝时期发明了铜活字。到了清朝时期，康熙皇帝命人用铜活字印刷了一套《古今图书集成》。书印好后，铜活字被收藏在了铜活字库中。可惜的是，后来乾隆皇帝命人熔化了这些珍贵的铜活字，制成了"乾隆通宝"。

熔掉这些铜活字，制作成钱币。

西方的印刷发明

对中国古代活字印刷术有突出改进和重大发展的是德国人古腾堡。他是现代印刷术的创始人，被称为"现代印刷之父"。他发明的印刷机，虽然结构简单，但改进了印刷的操作，推进了印刷规模化、工业化的进程。

柔软美丽的丝绸

丝绸是用蚕丝织造的纺织品。

西汉时期，张骞出使西域，开辟了闻名世界的丝绸之路，才让"薄如蝉翼轻如烟"的中国丝绸正式进入了西方人的视野。

金贵的丝绸

中国是世界上最早使用蚕丝的国家，古罗马人曾称中国为"丝国"。据说在古罗马，约12两黄金才能买到1斤丝绸。在中国古代，只有身份显赫的权贵才能穿戴丝绸。

神秘的技术

古代的中国人一直很注重保护丝绸的生产技术，把它当成绝密，禁止外传。

后来，西方人想方设法得到了蚕卵和桑树种子，学会了养蚕和缫丝技术。

丝绸究竟是怎么制作出来的呢？

云锦：主产于江苏南京，被誉为"锦中之冠"。

百科

🐛 **中国四大名锦**

古代丝织物中，"锦"是织有花纹图案的丝织品，是代表最高技术水平的织物。

中国四大名锦，即云锦、蜀锦、宋锦、壮锦。

蜀锦：主产于四川成都，是历史最悠久的织锦。

宋锦：主产于江苏苏州，实用性强，适用面广。

壮锦：主产于广西，是壮族传统手工织锦。

47

传承数千年的瓷器

瓷器是火和土的艺术，是科学与艺术的综合产物。在辛勤劳动的过程中，中国人用智慧发明了瓷器。

中国瓷器的"成长历程"

原始瓷器从陶器发展而来。商朝时期，烧制出了比较粗糙的釉陶，被称为"原始瓷"。

春秋战国时期，出现了原始青瓷。

东汉时期，烧制出了黑瓷和青瓷。

宋朝时期，瓷器更加精美，颜色、样式、花纹都变得丰富多彩。

魏晋南北朝时期，烧制出了美丽的白瓷。

唐朝时期，出现了闻名于世的唐三彩。

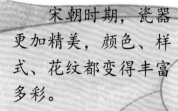

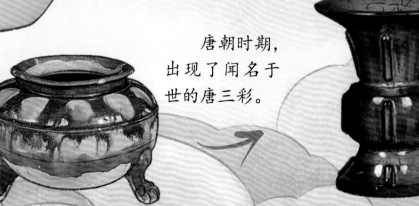

宋徽宗的"天青色"

传说有一天，宋徽宗做了一个梦。梦中，一场大雨过后，天空中出现了一抹天青色。醒来后，宋徽宗吟诵出诗句，而且立刻要求工匠们给他烧制出天青色的瓷器。最后，汝州的工匠经过多次尝试，终于烧制出了天青色的汝瓷制品。

不过，也有记载称此诗句为五代后周世宗柴荣对柴窑瓷器所下的指示。

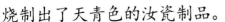

> 雨过天青云破处，这般颜色做将来。

清朝时期，瓷器进一步发展，出现了素三彩、五彩、粉彩、珐琅彩等。

问答 ？ ● 瓷器的英文是什么？

英文中的"瓷器"是"china"，它和"中国"的英文"China"是同一个词。

49

征服了全世界的茶叶

中国是茶的故乡。茶清香提神，而且含有多种有益成分，有保健功效，是我们的生活必需品，也是传承中华文化的重要载体。

茶是中国人民对世界饮食文化的贡献。茶穿越历史、跨越国界，深受世界各国人民的喜爱，已是风靡全球的流行饮品。

各种各样的茶

中国的茶种类很多，按照茶的色泽与加工方法，可分为红茶、绿茶、青茶（乌龙茶）、黄茶、黑茶、白茶六大类。

红茶

绿茶

青茶

黄茶

黑茶

白茶

《茶经》诞生记

唐朝时期，一个名为陆羽的人对茶很感兴趣。他到各地游历考察，潜心研究各地的茶叶，亲自调查、实践，并研究总结了前人饮茶和当时茶叶的生产经验。他将所有的见闻和体会都记录下来。

最后，陆羽把这些记录汇总成一本书，名为《茶经》。这是世界上第一部茶叶专著。

百科 "中国茶"申遗成功

2022年11月29日，"中国传统制茶技艺及其相关习俗"被联合国教科文组织列入《人类非物质文化遗产代表作名录》。

这里的茶，香气浓郁，我要记录下来。

"中国智造"新名片

2017 年 5 月，"一带一路"沿线的 20 个国家的青年们，评选出了最想从中国带回自己国家的生活方式——高速铁路、移动支付、共享单车和网络购物，并将其称为中国的"新四大发明"。

高速铁路

世界上第一条真正意义上的高速铁路由日本人发明。这项技术被中国引进后，实现了不断创新和飞速发展。现在，中国高速铁路营业总里程稳居世界第一。

中国的高铁，又快又稳。

移动支付

1994 年，二维码由日本人发明。中国人开发了"扫一扫"二维码的功能，并将这项功能与社交平台，尤其是支付软件绑定在一起。如今，移动支付已在中国被广泛应用。

出门都不需要带钱包了，一部手机就够了。

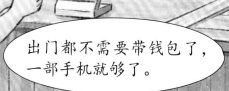

52

其实，"新四大发明"并非由中国发明，可是中国在推广、应用、创新上遥遥领先于其他国家。"新四大发明"以科技创新向世界展示着中国的发展理念，彰显着中国的独特魅力。

共享单车

共享单车是由荷兰人发明的。后来，中国吸收了共享单车的运营模式，研究出了科技感满满的共享单车系统。

共享单车简直是出行"神器"。

网络购物

1979 年，英国人麦克·奥德里奇第一次尝试在网络上购物。中国抓住了互联网时代的机会，建立了数家网络购物平台，网络购物的用户规模不断上升。如今，人们足不出户也能轻松购物。

我下单才半天，竟然就送到了？太快了！

火眼金睛，寻找中国古代四大发明

游戏大比拼

下面这张图中，藏着四大发明的踪迹，快用你的火眼金睛找一找吧。图中的人物分别与哪种发明相关？请在白色方框中涂上相应的颜色。